DE KLEINE GIDS VOOR

DE NIET-BESTAANDE VOGELS VAN EUROPA

O.C. Hooymeijer

# De Kleine Gids voor de niet-bestaande Vogels van Europa

NOORDBOEK

Eerste druk, 2013
Tweede druk, 2016
Derde druk, 2020

Tekst: O.C. Hooymeijer
Illustraties: O.C. Hooymeijer
Idee: O.C. Hooymeijer
Artdirection: O.C. Hooymeijer
Grafische zaken: E.C. Wielinga
Ontwerp omslag: Jelle F. Post
Typewerk: A.M.L. Franssen
Foto achterzijde: R. van Herwaarden
Druk: Bariet Ten Brink
ISBN 978 90 5615 639 8



Uitgeverij Noordboek is onderdeel van
20 leafdesdichten en in liet fan wanhoop bv

www.noordboek.nl
www.ochooymeijer.com

voor Bibi

## Voorwoord

Djoewieeet djoewieeeeet djoewieeeeeeet djoeoeoewieeeeeeeet,
Frrrrrrrrrrrrrrrrrrrrrrrrrrrrrrrrrrrrrrrrrttt..
Takkatakkatakkatakkatakkatak……..
Djoewieet djoewieeet djoewieeeeetweeeet…
Kah, kah, kah, kah, jiep jiep jiep ,
Djoewieet djoewieeeeet djoewieeeeeeet djoeoewieeeeeeet..
Prrrrrrrrrrrrr, prrrrrrrrrrr, prrrrrrrrrrrrrr djoewieet,
Kah,kah,kah,kah, djoeoeoewieeeeet…
Pzzzzzzzzzzzzzzzz,pzzzzzzzzzzzzzzzz,pzah pzah pzahaha!
Frrrrrrrrrrrrrrrrrrrt,frrrrrrrrrrrrrrrrrtut,frrrrrrrtutut
Djoewieet djoewieeeeeet djoewieeeeteeeteet…

**Zomerbaas**

Gehoord op 21 april 2013, om 05.14.uur te Spanga

# Verklaring der tekens

♀ = mannetje
♂ = vrouwtje
D = doorkomer
W = wintervreter
Ze = zeldzaamheid
B = broeder
K = kortvleugelig
P = periodisch
O = onzeker
Z = zomervriend

## Voor de mediterrane landen

E = eetbaar
NE = niet eetbaar
SM = smakelijk

## Verspreidingstechniek en vertrektijden

## Geluidsindicatie, zang of roep in PF

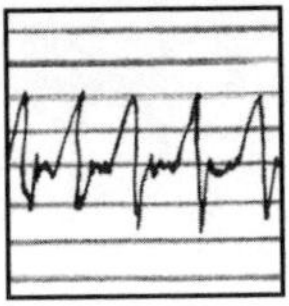

# Waarnemingsdetails

vliegpatroon

(vluchtende Steenbroeder)

vleugelpennenpatroon

(Zomp)

snavelimplant

(Bruine Roker)

nest met 5 eieren

(Pint)

pootafdruk in sneeuw

(Zomerflens, linkerpoot)

pootafdruk in zand

(Winterflens, rechterpoot)

rechterklauw

(Zeealbrak)

# Wetenschappelijke benamingen

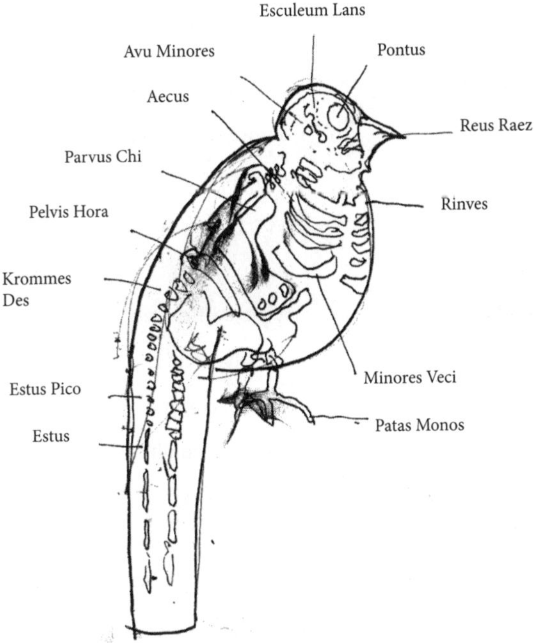

Lijst van afgebeelde, niet-bestaande vogels

## Nachtspecht

(specus noctorus)

**Volksvogelwijsheid**

Herkomst: Nederland (Noord-Veluwe)

*'Klopt de Nachtspecht op het spint,*
*komt het zomertje gezwind'*

## Nachtspecht

BOW

L 16 cm

(specus noctorus)

NE

Zelden waargenomen. 's Nachts actief, vooral in oude berken- en elzenbossen met volop onder- en bovenhout, waar de Nachtspecht jaagt op de larven van de meidoornkruiper en het kroonwitvleugeltje.

Ook rupsen en geleedpotigen zijn echter regelmatig het slachtoffer van deze geduchte jager. Roffelt bij zijn jachtpartijen niet alleen met de scherpe snavel op oud hout, maar 'trappelt' ook met de zwaar uitgevoerde poten op vermolmde stammen teneinde zijn prooi te wekken. Nestelt in door mannetje uitgehakte vierkante holtes, zogenaamde 'spechtkasten', waar de 4 tot 5 lichtgroen gespikkelde eieren worden uitgebroed en de jongen tot het moment van uitvliegen door de beide ouders verzorgd worden.

Verenkleed door nachtelijk gedrag moeilijk te onderscheiden, doch bij volle maan zijn de karakteristieke roodwitte rug- en borstpartij alsmede de diep blauwe snavel en poten met enige moeite waar te nemen.

Alleen in baltstijd luidruchtig. Een donker fluitend snorren, maar ook een schor 'ka- ka- ka- ka'.

XI-V

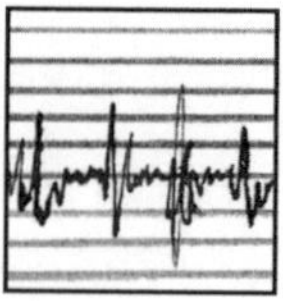

bij balts

trappelend op houten stam

glijvlucht

## Duitse Reiger

(ariër stannus gigantus)

**Volksvogelwijsheid**

Herkomst: Duitsland (Slocher-Tiefgebied)

*'Gibt's den Rätser an der Slücke,*
*Fisch und Maus fund nie die Glücke'*
ofwel
*'Duitse Reiger langs de vaart,*
*vis en muis wordt niet gespaard'*

## Duitse Reiger

ZWD

L 120 cm – V 180 cm

(ariër stannus gigantus)

NE

Grote, met messcherpe snavel uitgeruste vogel van natte weiden en moerassen. Heeft in de jaren veertig van de vorige eeuw een ware invasie gekend in Europa. Uitgewaaierd vanuit oorspronkelijke habitat Duitsland tot zowel ver in Rusland als in Noord-Afrika. Daarbij andere reigersoorten verjagend.

Verenkleed bruin-zwart. Over het algemeen door 'poetsen met snavel' in glanzende conditie. Wordt vaak 'marcherend' waargenomen langs sloten en vaarten, waarbij hij met lange poten stampend zijn prooien uit hun schuilplaatsen jaagt. Daarbij vaak een krassend 'raus, raus' voortbrengend.
Vooral zomervriend langs kust en andere vochtige gebieden, waar hij vaak met vele soortgenoten neerstrijkt om kuilen in het zand te graven waar zij dagen in rusten, als zij niet op jacht zijn.

Kan in gezelschap zeer luidruchtig zijn.

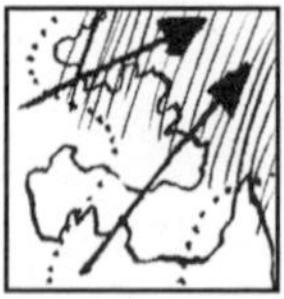

XII-III

in gezelschap

met prooi

in vlucht

'marcherend'
langs sloot

## Grote Gele Fruitpikker

(volaranus esfrutas amarillas)

**Volksvogelwijsheid**

Herkomst: Nederland (de Betuwe)

*'Komt de Pikker na IJsheilig,*
*is de oogst weder veilig'*

**Grote Gele Fruitpikker** BZK

L 14 cm

(volaranus esfrutas amarillas)

E

SM

Middelgrote geel-zwart getekende, gezellige zaad- en fruitetende zanger. Zie echte fruitsnavel. Was vriendelijke bewoner van loofrijke gebieden, waar hij zich vooral met bramen en andere wilde vruchten voedde. Nu vaak in groepen van wel tussen de 800 en 2000 stuks die, tot grote ergernis van menig fruitteler, in slechts enkele minuten een complete boomgaard van zijn vruchten kunnen beroven.

Roep bij dit soort plunderingen een luid krijsen en fluiten. Op nest meestal zwijgzaam, doch bij balts kan het vrouwtje zacht snurken. Tegenwoordig steeds vaker in steden, waar hij op plaatselijke markten gevallen fruit 'oppikt'.

I-XII

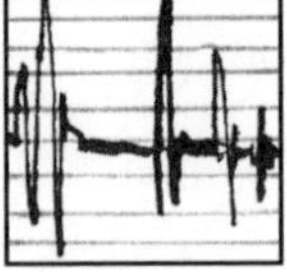

bij plundering

op grond gevallen appel etend

grote vlucht Fruitpikkers

boomgaard plunderend

## Kleine Gele Fruitpikker

(minimus esfrutas amarillas)

**Volksvogelwijsheid**

Herkomst: Nederland (de Betuwe)

*'Fruitpikker in maart,*
*ooft in de gaard'*

## Kleine Gele Fruitpikker

PBZK

L 10 cm

(minimus esfrutas amarillas)

E

SM

Kleinere uitvoering van de Grote Gele Fruitpikker. Is in gedrag gelijk, maar ondanks zijn geringere afmeting veel agressiever dan zijn 'grotere broer'. Minder gezellig. Kan zelfs in vrij kleine groep (20 tot 30 stuks) andere Fruitpikkers uit boomgaard verjagen. Verenkleed meer naar lichtgroen neigend, waarbij staartpennen opvallen. Prefereert laagstam- boven hoogstamfruit.

Roep zacht fluiten en krijsen, maar ook een tevreden snorren.

III-XII

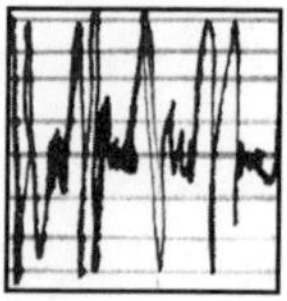

roep

Kleine Gele Fruitpikkers bij marktkraam

# Bruine Fruitpikker

(frutacrimas terra)

**Volksvogelwijsheid**

Herkomst: Spanje (regio Ronjias)

*'El Robador de las Frutas:*
*un roquatera en el jardin,*
*pero un dulciamiamenta en la tocamesa'*
ofwel
*'Bruine Fruitpikker:*
*Een ramp in de tuin,*
*maar een traktatie op het bord'*

**Bruine Fruitpikker** PBZK

L 13 cm

(frutacrimas terra)

E

Saaier familielid van de Grote èn de Kleine Gele Fruitpikker. Door uiterlijk vaak niet gezien als Fruitpikker.
Gedrag verraadt de Bruine Fruitpikker echter onmiddellijk. Agressiefste van de soort. Kan, in tegenstelling tot zijn gekleurde broeders, samen met slechts 2 of 3 soortgenoten in enkele minuten tijd onherstelbare schade aanrichten aan boomgaarden.

Vanwege plundergedrag in Zuid-Europese landen vaak slachtoffer van jachtpartijen, waarbij tijdens de trek vele vogels in luttele minuten worden neergehaald om, zoals in sommige delen van Spanje, verwerkt te worden tot het plaatselijk zeer populaire 'Frutasia', een tapa van Fruitpikkerpootjes met knoflook, zilveruitjes en zeer hete pepers.

Roep een triomfantelijk jankend 'joe hoe – joe hoe', maar ook een luid, krassend 'hak-hak-hak' altijd als triool.

II-XII

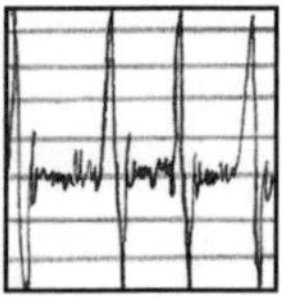

roep

vluchtend met appel

nest in appelboom

## Kuifhans

(kribus kribus)

**Volksvogelwijsheid**

Herkomst: Nederland (de Achterhoek)

*'Dat vrouwtje heeft gisteren vast haar kuif verloren'*

## Kuifhans

BOPD

L 40 cm V 80 cm

(kribus kribus)

NE

Een wat strenge, zware bewoner van dichte loofbossen. Prefereert oude eiken en beuken, waarvan de noten zijn hoofdmenu vormen. Legt wintervoorraden aan van soms wel 8000 noten die hij zelden terugvindt, waardoor menig 'zwakkere' Kuifhans strenge winters niet overleeft.

Verenkleed ♂ en ♀ gelijk, doch ♀ iets kleuriger.

In vroeg voorjaar een vaak urenlange balts, waarbij ♂ met een noot in de snavel om ♀ heen danst. Hierbij met de kop spastische bewegingen makend en een serie onmiskenbare 'roe – roe – roe' klanken uitstotend.

Bij de werkelijke paring heeft ♀ het zwaar en verliest alle kopveren, evenals de zo karakteristieke kuif welke in de loop van het jaar weer tot volledig aangroeit.

VVI

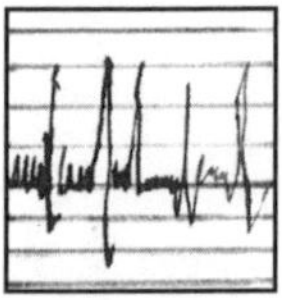

bij balts

golvende vlucht

Kuifhans foeragerend

pootafdruk
in sneeuw

jonge Kuifhansen op nest

## Zomp

(wiegus lourdes)

**Volksvogelwijsheid**

Herkomst: Nederland (de Stellingwerven)

*'Tsomp in 't rait,*
*kump 't wetter mit bakke druit'*
ofwel
*'Zomp in het riet,*
*regen in het verschiet'*

**Zomp** ZWO

L 50 cm - V 110

(wiegus lourdes)

NE

Uiterst lelijke, plompe bewoner van uitgestrekte, vochtige veengronden. Schuw. Wordt zeer weinig waargenomen. Bij confrontatie is er geen vluchtgedrag, maar houdt de Zomp zich dood door ineen te zijgen en roerloos te blijven liggen.

Verenkleed rafelig in bruine tinten, zie ook bijna kale kop. Poten rimpelig roze-wit.

Wordt wel 'wandelend' met afhangende kop langs sloten gezien. Maakt zeer treurige indruk.

Roep tijdens jaarlijkse balts een zwaar, verreikend 'zoemp – zoemp'. Slechts eenmaal in zijn leven komt het tot werkelijke paring, waarna 1 ei wordt gelegd in een weinig verzorgd hoopje bijeengeschoven rottende planten en bladeren. Nadat de Zomp zich heeft voortgeplant, is hij de rest van zijn leven zwijgzaam.

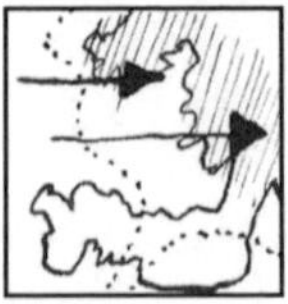

XIII-V

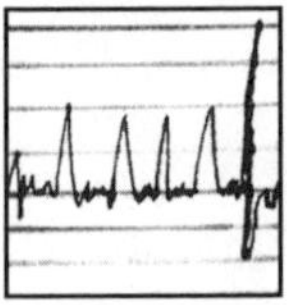

bij balts

Zomp zich doodhoudend

'wandelend' langs sloot

## Kleine Zomp

(wiegus leagharus)

**Volksvogelwijsheid**

Herkomst: Duitsland (Geistgeffengrunden)

*'Zumpf in die Snautsche,*
*Dämpfer ohne Gerauschte'*
ofwel
*'Zomp in het vizier,*
*zomer zonder plezier'*

**Kleine Zomp** PZWO
L 32 cm - V 55 cm
(wiegus leagharus)

NE

Weinig talrijke langpotige.

Kleinere 'broer' van gewone Zomp (pag.37) In gedrag wellicht nog meer ingetogen en treuriger. Diep trieste uitstraling. Kalende, rossige kop met zware snavel altijd neerwaarts, zelfs bij gevaar geen enkel teken van verweer of vluchtgedrag. Verenkleed donkerbruin naar zwart neigend. Zie naar binnen gedraaide vaalwitte, rimpelige lange poten met 'rafelige' broek.

Balts idem als Zomp, maar minder inspannend. Nest van rottende plantenresten maar ook van afval en uitwerpselen, wat deze bewoner van veengronden en uitgestrekte verlaten rietvelden ook wel de naam 'Stinkreiger' heeft bezorgd.

Jaagt 's nachts. Overdag stilliggend tussen riet. Houdt zich dood.

Gewoonlijk zwijgzaam, doch kan op nest een zacht 'steunen' laten horen.

XII-V

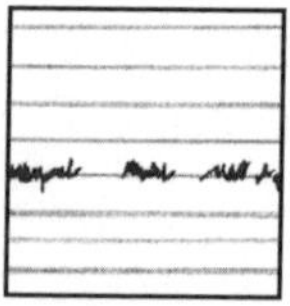

op nest

op nest van rottend materiaal

’s nachts jagend

## Veldspikkel

(sonora sonora pica)

**Volksvogelwijsheid**

Herkomst: Friesland (boven de Reetfeart)

*'Sprokker an tiet van tsjoche,*
*bèkker helt de bolle versproche'*
ofwel
*'Spikkel vroeg in het jaar,*
*bakker maak je deeg maar klaar'*

## Veldspikkel

BZK

L 15 cm

(sonora sonora pica)

E

Curieus spontaan zangertje en bewoner van veelal bemeste, volle weidegronden. Voedt zich vooral met insecten en larven van de grote en de kleine graskever.
♂ en ♀ identiek, doch ♀ iets gezetter. Verenkleed grijs met groenaccenten, typerende rode vleugelpunten en tweede slagpen. Gitzwarte spitse snavel.

Bouwt nest in open veld, welk bestaat uit een van paardenmest gevormde bol van circa 10 cm doorsnede met de ingang altijd onder een hoek van 45 graden schuin aan de oostkant.

Trekt vroeg in het jaar richting overwinteringgebieden.

Zang meestal van verborgen plek in gras. Een hoog melodieus ‘twiedie – twiediet’.

IV-VI

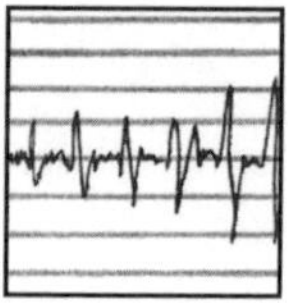

zang

groep vluchtend voor slecht weer

opvliegend van nest

appel etend

nest in veld

op elektriciteitsdraad rustend

## Boomspikkel

(aybola aybola pica)

Vooralsnog geen volksvogelwijsheid bekend.

## Boomspikkel

BZK

L 16 cm

(aybola aybola pica)

E

Insectenetende, gezellige bewoner van jong aanwasbos. Liefst berken, wilg en els. Maar ook eik en beuk worden niet vermeden. Verenkleed grijs met bruintinten. Let op rode, gestreepte borst en rode 'pet'. Spitse zwarte snavel is typerend voor deze zanger.

Nestelt graag in nestkastjes, maar ook verlaten nesten van soortgenoten of andere families worden in gebruik genomen.

Is net als Veldspikkel liefhebber van de wat hogere temperaturen, dus verlaat al snel na de zomermaanden ons land.

Zang vanaf hoge post, zeer welluidend. Vaak op de zomeravond een urenlang 'pieterpiet tjoewiet tjatja...'.

XI-V

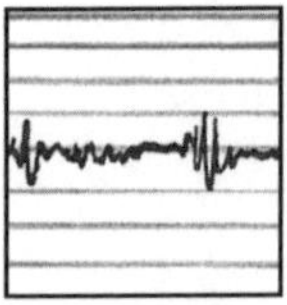

zang

bij nestkast

## Tuup

(typo typo winzleanus)

**Volksvogelwijsheid**

Herkomst: Zwitserland (Alpen)

*'Ener Maffen Tup,*
*ist anluttisch fan ener interessanten Tup'*
ofwel
*'Een maffe Tup*
*is vaak een interessante Tup'*

**Tuup** DZeO

L 24 cm

(typo typo winzleanus)

E

SM

Van oorsprong hoenderachtige uit de Zwitserse en Oostenrijkse Alpen afkomstige typische grondbroeder. Tegenwoordig steeds vaker verspreid over de rest van Europa. Vliegt zelden, doch fladdert op bij onraad.

Kan zich bij balts van grote hoogte laten vallen, waarbij letsel geen uitzondering is. Dit gedrag heeft hem in sommige delen van Zwitserland wel de bijnaam 'Maffe Tuup' bezorgd. Verenkleed loopt sterk uiteen: van helderwit tot donkerbruin. Haaksnavel zeer opvallend. Zie ook rode poten.

Veelal zwijgzaam, maar bij gevaar een aantal korte 'tup - tup' klanken.

XII-VI

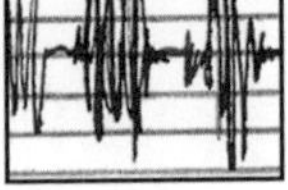

bij gevaar

Tuup vallend tijdens balts

## Goudpukkeltje

(pico pico oro)

**Volksvogelwijsheid**

Herkomst: Nederland (Noord-Brabant, omgeving Schijndel)

*'Goudpukkel in 't struweel,*
*bier in de keel'*

**Goudpukkeltje** ZPOK

L 3,5 cm

(pico pico oro)

NE

Kleinste niet-bestaande Europese zangvogel. Algemeen, doch plaatselijk minder. Verenkleed ♂ iets bonter. ♀ circa 4 mm kleiner dan ♂. Gezellig.

Kan in groepen van tot wel 2000 exemplaren urenlang in elzenbosjes verblijven en daarbij een aanhoudend gesnor voortbrengen. Dit kan van hoog tot laag gaan.

'sNachts vaak verward met nachtvlinders welke hetzelfde gedrag vertonen: frontaal op verlichte vensters afkomen. Bij nieuwe maan kunnen tientallen zich als ware zelfmoordeenheden tegen ramen te pletter vliegen.
Dit gedrag wordt wel vergeleken met walvissen die zich massaal op de kust werpen.

Waarschijnlijk om dit gedrag goed te maken, heeft het Goudpukkeltje jaarlijks twee legsels van 10 – 12 eieren, waarvan 99% het nest ook daadwerkelijk als vogel verlaat.

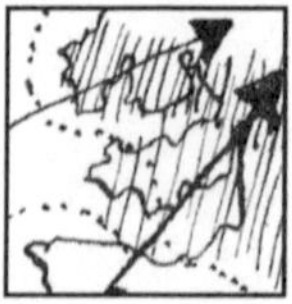

XI-V

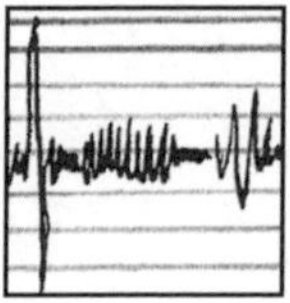

snorren

tegen verlicht raam vliegend

jonge Goudpukkeltjes op nest

## Rijnduiker

(aylythya rhina)

**Volksvogelwijsheid**

Herkomst: Engeland (Geallieerde troepen WO II)

*'Shouts the Kwivver out loud,*
*we don't fear the Kraut'*
ofwel
*'Komt den Duiker uit het riet,*
*dan vrezen wij de vijand niet'*

**Rijnduiker**

BZW

L 60 cm – V110

(aylythya rhina)

E

SM

Typisch zwaargebouwde, uitstekende zwemmer van de snelstromende rivieren. Schitterend niet te miskennen zwart-wit verenpak met relatief korte, gedrongen nek.

Zware haaksnavel waarmee zelfs zeer grote vis (tot circa 50 cm) verorberd wordt. De voor de Rijnduiker zo belangrijke, sterk ontwikkelde poten zijn voorzien van 'weerhaken', waarmee de vis aangeslagen wordt.

De prooi wordt door de Rijnduiker gelokt door met de kop schuddende bewegingen onder water te maken. Eenmaal binnen 'pootbereik' is het slachtoffer reddeloos verloren.

De vogel is in verband met drijfvermogen in zijn geheel wat vettig en is daarom weinig gevoelig voor vervuiling.

Gewoonlijk zwijgzaam.

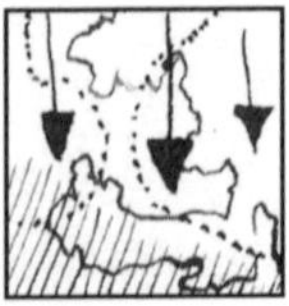

XII-V

zwijgzaam

weerhaken zwempoten

kop onder water 'schuddend'

## Kaasvogeltje

(berligha goudum)

**Volksvogelwijsheid**

Herkomst: Nederland (vroege 17e eeuw)

*'Men sphrecket fan eener reijcken dis,*
*whanneer den noot fan muscaat ende het*
*ghebraet van ener voghelijn van keeze is'*

## Kaasvogeltje

BZKW

L 12 cm
(berligha goudum)

E

Talrijk in parken, bossen en tuinen doch minder als verwante Franse Pen (pag. 169). Opvallend heldergeel verenpak, dat in de wintermaanden ietwat naar het oranje kleurt. ♂ en ♀ identiek. Zeer overdreven, druk sociaal gedrag, maar wel gezellig. Kunnen in grote groepen, andere vogels - maar ook honden en katten - uitdagen door rakelings langs te scheren, daarbij de belaagde met spottende fluittonen tot razernij drijvend. Dat er bij dit gedrag geen slachtoffers vallen, mag een wonder heten.

’s Winters graag geziene gast op de voedertafel, waar hij zich te goed doet aan zaden en vetbollen, maar kaaskorstjes staan – zoals zijn naam al doet vermoeden – bovenaan het menu van deze zanger.

Zang vanaf open plek een melodieus ‘hioeiwiet – tata’ met steevast een serie korte trillers na afloop.

XII-VI

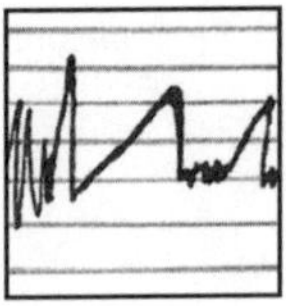

zang

rond oude eik

Kaasvogeltjes kat uitdagend

## St. Jansuil

(romana corroca)

**Volksvogelwijsheid**

Herkomst: Nederland

*'Een zwijgende uil hoeft nog geen wijze uil te zijn'*

**St. Jansuil** WBZ

L 35 cm V - 120 cm

(romana corroca)

NE

Enige niet in Europa bestaande uil, doch vaste bewoner van oude kerkhoven en ruines. Ietwat slordig bruinzwart verenkleed waarbij de ontbrekende typerende oorpluimen opvallen. Komt 's nachts tot leven om te jagen op onder andere kleine zoogdieren, waarbij zijn buitensporig grote en vooral messcherpe klauwen een onmiskenbaar gereedschap vormen. Zelfs katten en kleine honden zijn regelmatig op het menu van deze nachtjager te vinden.

Gewoonlijk zwijgzaam, maar tegen de dageraad kunnen bij het produceren van de braakballen onsmakelijke, borrelende geluiden te horen zijn.

XII-VI

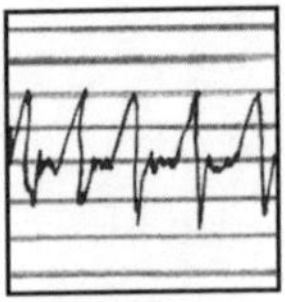

onsmakelijk
borrelen

rustend op grafzerk

## Bidder

(ahyala orientalus)

**Volksvogelwijsheid**

Herkomst: Midden-Oosten/Noord-Afrika

*'Gahalla gahalla al ghanut,*
*miaghallama escloet'*
ofwel
*'Bidder bij moskee,*
*zoet is de thee'*

**Bidder**
L 28 cm - V 40 cm
(ahyala orientalus)

POZ

E

Van oorsprong dwaler uit Noordelijk Afrika maar tegenwoordig een steeds vaker geziene gast, ook in Centraal Europa. Echte stadsbewoner.

♂ luidruchtig aanwezig. Roep vanaf hoge post een aantal nasale, zangerige 'aah, aaha, la, la, la' klanken.

Verenkleed 's zomers van zandkleurig geel tot helder wit, doch winterkleed armoedig vaalbruin tot zelfs donkergrijs. Veelal op pleinen van grote steden maar ook vaak op industriegebieden te vinden op zoek naar voedsel of nestmateriaal.

♀ verenkleed donkerbruin tot diepzwart. Geen kleuraccenten. In tegenstelling tot ♂ lijdt ♀ een zeer verborgen leven.

Geen zang, doch kan tijdens het verzorgen van de 6 – 8 jongen in het zeer goed verscholen, wat rommelige nest een zacht schurend gemurmel voortbrengen.

VI-V

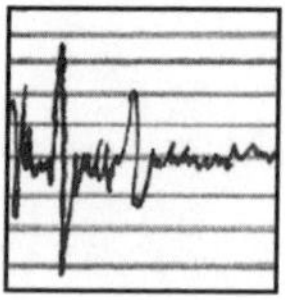

roep ♂

bij moskee

♂ biddend

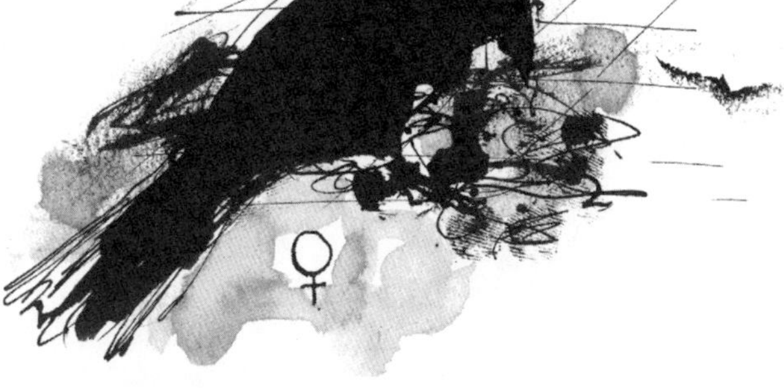

## Timmermansvogel

(ara buthalys)

**Volksvogelwijsheid**

Herkomst: Nederland

*'Zo zorgzaam als een Timmermansvogel'*

## Timmermansvogel

WBZ

L 30 cm – V 71 cm
(ara buthalys)

NE

Middelmatig grote vriendelijke zangvogel met zware snavel en opvallend heldere ogen. Algemeen op bouwland met verspreide boomgroepen of bosjes. Veelal in groepen te vinden op zoek naar voedsel, welk bestaat uit noten en vruchten maar ook kikkers en insecten worden niet vermeden.

Verenkleed varieert van zwart tot een wat lichter donkerblauw, waarbij de witte staartpennen opvallen. Kan na broedseizoen wat 'rafelig' overkomen. Maakt dan ook in gedrag een wat vermoeide indruk.

♂ bouwt nest op stevige tak hoog in eiken- of beukenboom. Hoewel de Timmermansvogel gewoonlijk zwijgzaam is, kan hij tijdens het bouwen van het nest zacht 'mompelen', wat over kan gaan in een tevreden gesnor. Typerend is de 'overkapping' van het nest. Deze van takjes en mos opgebouwde koepel zorgt ervoor dat ♀ tijdens het broeden, en de jongen in het voederstadium geen hinder ondervinden van enigerlei storende weersinvloeden.

V-VII

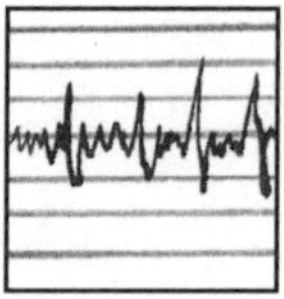

mompelen

in en bij oude eik

‘overdekt’ nest in eik

## Zeealbrak

(araqui mharathialus)

**Volksvogelwijsheid**

Herkomst: Noorwegen

*'Un bröke neuste,*
*kunni leute vöreheusten'*
ofwel
*'Het nest van de Albrak*
*brengt de mens gemak'*

## Zeealbrak

ZeDO

L 70 cm - V 210 cm
(araqui mharathialus)

NE

Niet algemeen.
Prefereert ruige zeekusten met sterk afhangende rotspartijen. Voedsel bestaat over het algemeen uit vis, maar ook golfeenden, pinguïns en jonge zeehonden zijn niet veilig voor deze geduchte rover.

Bouwt nest op veelal grote hoogte gelegen plateau, bestaande uit een van visgraten gevlochten geheel, bijeengehouden en versterkt met eigen kalkrijke uitwerpselen. Deze bouwwerken zijn zo solide dat ze door de plaatselijke bevolking van de rotsen worden afgebikt en als 'manden' voor diverse doeleinden worden ingezet.
In het nest worden de twee voor de Zeealbrak zo karakteristieke blauwe, ovale eieren gelegd, die zowel door ♂ als ♀ worden uitgebroed. De zorg voor de jongen ligt echter geheel in de 'poten' van ♀, daar ♂ zich na het uitkomen van het broedsel op thuisbasis niet meer laat zien.

Wordt vaak zeilend waargenomen.

De krassende roep wordt afgewisseld met een luid, schurend fluiten.

XII-V

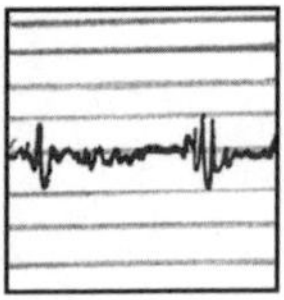

roep

in glijvlucht boven zee, jagend op nietsvermoedende
Golfeend.

nest als boodschappenmand op fiets

visgraten

## Bergalbrak

(araqui monthathialus)

Vooralsnog geen volksvogelwijsheid bekend.

**Bergalbrak** ZeO

L 75 cm - V 220 cm

(araqui monthathialus)

NE

Meest algemene Albrak, doch wordt steeds minder waargenomen, waarschijnlijk door veranderende biotoop en drukker wordende samenleving.

Zware, agressieve rover. Voedsel bestaat vooral uit haarwild, waarbij bergkonijn en Pyreneeën-marmot favoriet zijn. Kan met prooi 'spelen': een slachtoffer niet onmiddellijk na de vangst doden, maar steeds weer in de vervaarlijke klauwen naar grote hoogten voeren om het vandaar te laten vallen en weer te vangen. Deze handeling kan vaak tientallen malen herhaald worden, tot de prooi letterlijk gebroken is. Dit gedrag zien wij ook bij de roofzoogdieren, met name katachtigen.
Verenkleed donker, doch exemplaren in de mediterrane landen, met name die van het Iberische Schiereiland kunnen aanzienlijk lichter zijn.

Op geliefde plaatsen vaak zeilend in groepen te zien, ook met soortgenoten zoals de Witrugalbrak en de veel kleinere Rotsalbrak. Gewoonlijk zwijgzaam, doch tijdens zeilvluchten kan de Bergalbrak een wat vrolijk aandoend gillen en schreeuwen laten klinken dat tot in de verre omgeving te horen is.

III-XII

tijdens zeilvlucht

rechterklauw

jagend op nietsvermoedend bergkonijn

## Golfeend

(vomateria weathy)

**Volksvogelwijsheid**

Herkomst: Nederland (kustgebieden)

*'Golfeend aan de kust,*
*slijpt uw schaatsen gerust'*

## Golfeend

WDOP

L 35 cm
(vomateria weathy)

E

SM

Een algemene, wat minder intelligente tamelijk zware eend, die zowel de open zee als de grote binnenwateren zijn domein mag noemen. 's Winters vaak samen met Rijnduiker op de bovenlopen en op de onder water staande uiterwaarden van de grote rivieren. Kan diep in het binnenland zijn. De rest van het jaar op volle zee, maar toch ook vrij vaak op zanderige kusten vertoevend.

Voedsel bestaat uit kreeftachtigen en kleine visjes, die de Golfeend met de filterhaartjes in de zware snavel fijnmaakt. Kan zowel in als buiten broedseizoen een langgerekt kwaken voortbrengen.

Nest stelt weinig voor; een eenvoudig kuiltje in het zand, afgezet met wat schelpen voldoet al snel voor deze watervogel. Broedsel van 6 – 8 eieren wordt afwisselend door ♂ en ♀ verzorgd.

XII-V

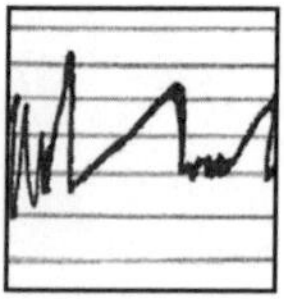

kwaken

Golfeenden zien voorbijgaande olietanker op volle zee

filterhaartjes in snavel

samen met Rijnduikers bij havenhoofd

## Jas

(phealus confectus)

**Volksvogelwijsheid**

Herkomst: Frankrijk (omgeving Nice)

*'Dance comme une Jaquette,*
*mais n'oubliez jamais l'etiquette'*
ofwel
*'Danst als een Jas,*
*maar vergeet nooit de pas'*

## Jas

ZeO

L 40 cm - V 120

(phealus confectus)

E

SM

Niet algemene, wat schuchtere, elegante waadvogel en bewoner van lagunes en ondiepe poelen in het zuiden van Europa. Zeer scherpe felrode snavel, alsmede dunne, lange rode poten. Verenkleed helderwit met rode accenten op de derde staartpen. Nek en kop kalend met blauwe glans. Zie ook verschrikt kijkende ogen. Gewoonlijk solitair, doch in broedtijd gezellig.

♂ brengt bij balts een ver dragende, schaterende lach voort, welke door het vrouwtje wordt beantwoord met een afkeurend gemompel. Dit afkeuren is echter schijn: na een sierlijke 'dans' vindt de werkelijke paring, die wel enige uren in beslag kan nemen, plaats.

Na de uiteindelijke bevruchting slaapt ♀ zo'n 24 uur, terwijl ♂ een slordig nest fabriceert dat bestaat uit een, met slik verstevigde, cirkel van riet en biezen op de grond.

Legsel: 4 – 5 glanzende, lichtgroene eieren.

XI-V

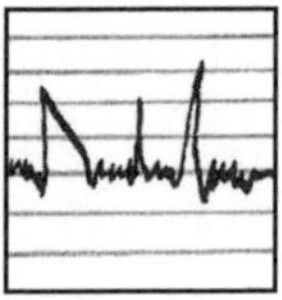

schaterende lach ♂

vlucht

♀ op nest

## Javaantje

(jhava jhava lhuma)

**Volksvogelwijsheid**

Herkomst: Koloniaal Nederlands-Indië

*'Rendang jhava bandung,*
*roetsch roetsch makka makka'*
ofwel
*'Javaan in de lucht,*
*muggen op de vlucht'*

**Javaantje** ZeZO

L 8 cm

(jhava jhava lhuma)

E

SM

Algemeen doch zeer plaatselijk op de Zuid-Europese cultuurgronden. Van oorsprong uitheemse zanger, maar reeds in de 17e eeuw door zeevaarders als kooivogel meegenomen uit de Oost-Indische archipel, waarna ontsnapt en verwilderd.

Ogenschijnlijk nietszeggende bruine verschijning, maar door 'gezellig' gedrag opvallend. Zeer actief. Sierlijk. Vaak in grote groepen op fruitplantages, waar zij zich voeden met insecten. Een volwassen Javaantje kan wel tot 3000 exemplaren verorberen. Als echter de felgele eieren zijn uitgekomen en de 8 – 10 jongen moeten worden gevoerd, kan dat aantal oplopen tot wel zo'n 10.000 stuks. Het verbaast dan ook niet dat het Javaantje een graag geziene gast is van de plaatselijke agrariërs en fruittelers.

Wordt tegenwoordig nog steeds als kooivogel gehouden en wint aan populariteit.

Roep, een kort 'kàh kàh'. Zang voorgedragen van open zitplaats is een snel, kort maar zeer melodieus vrij hoog wijsje.

VII-XI

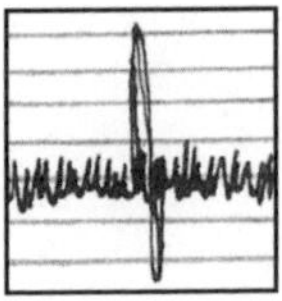

zang

7 Javaantjes in kooi

17- de eeuwse zeevaarder

rond sinaasappelboom bij Cordoba (SP)

## Bruine Roker

(vanus vanus nhealias)

**Volksvogelwijsheid**

Herkomst: Nederland ( Noord-Brabant)

*'Heeft Bruine Rokers gefluit geklonken,*
*dan kunnen de glazen worden ingeschonken'*

## Bruine Roker

ZBKW

L 17 cm

(vanus vanus nhealias)

NE

Van oorsprong bewoner van dorpen en steden, maar door veranderend habitat steeds verder naar het platteland uitgeweken. Middelgrote bruine, wat slordige vogel. Gezellig onder soortgenoten, doch door andere vogels vaak vermeden. Wel samen met Zwarte Roker (zie pag 105).

Verenkleed ♂ bruin met zwarte vlek onder snavel. ♀ idem, maar vlek niet zwart doch meer roodachtig. Zie ook markante bruingeel gevlekte poten.

Overdag solitair, maar tegen het vallen van de avond kunnen grote groepen Rokers van wel 20 stuks bij elkaar komen in vooral vochtig kreupelhout en lage bosschages, waar zij in de verborgenheid een krassend fluiten voortbrengen.

XII-V

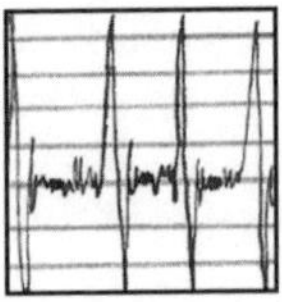

krassend fluiten

groep Bruine Rokers in kreupelhout

## Zwarte Roker

(vanus vanus nero)

**Volksvogelwijsheid**

Herkomst: Nederland

*'Rokers rond het huis,*
*avond is niet pluis'*

## Zwarte Roker

ZBKW

L 19 cm

(vanus vanus nero)

NE

Vroeger talrijk, nu steeds minder voorkomend. Net als familielid Bruine Roker ook min of meer uit steden weggetrokken en zich gevestigd op het platteland. Tijdens strenge winters frequenteert de Zwarte Roker echter wel de stadse voedertafels.

Middelgrote zware, wat slordige vogel. Echte noteneter, zie snavel.

Teruggetrokken gedrag, maar onder soortgenoten sociaal. Verenkleed ♂ en ♀ gelijk. Geheel zwart op grijze snavel na, zie ook de bruinige, gevlekte poten.

Roep, een schor aanhoudend geblaf meestal bestaand uit een drietal 'roef – hoef - hoehoef' klanken.

Zang kan eigenlijk geen zang genoemd worden; een laag 'geborrel' overgaand in en metalig 'geklok'. Over het algemeen van verborgen plek.

VII-XII

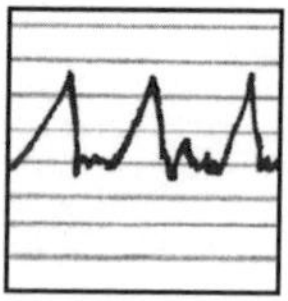

roep

met Bruine Rokers noten etend op voedertafel

Rokers opgejaagd door Kaasvogeltjes

## Vlaamse Naald

(flamaneallus pleghealis julius)

**Volksvogelwijsheid**

Herkomst: Nederland

*'Vlucht de Naald door een stille staan,
kan het weertje ommeslaan'*

## Vlaamse Naald

BZPO

L 110 cm - V 180 cm
(flamaneallus pleghealis julius)

NE

Vrij schuwe, wat verstrooide verborgen bewoner van droog bouwland. Prefereert maïsvelden of andere cultuurgronden. Zeer fragiele verschijning.

Verenpak grijs met uitschieters naar zwart en zelfs helemaal wit. Zie dunne zwarte poten, met in verhouding veel te grote 'zwemvliezen'.

Glimmende snavel zeer spits, waarmee de Vlaamse Naald zijn maaltijd, bestaande uit maïskorrels, haver en andere granen, bij elkaar scharrelt.

Verbergt zich bij onraad tussen maïs of achter stekpalen. Wordt ook wel op telefoonpalen aangetroffen in zogenaamde 'naaldhouding': onbeweeglijk met uitgestrekte poten, hals en lichaam, de snavel recht omhoog wijzend.

Gewoonlijk zwijgzaam, doch kan bij gevaar een hoog 'kèk – kèk – kèk' voortbrengen.

XII-VII

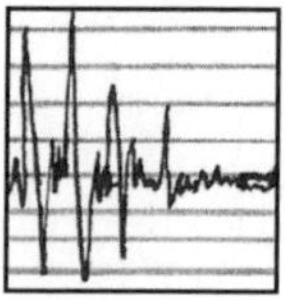

bij gevaar

vlucht Vlaamse Naalden

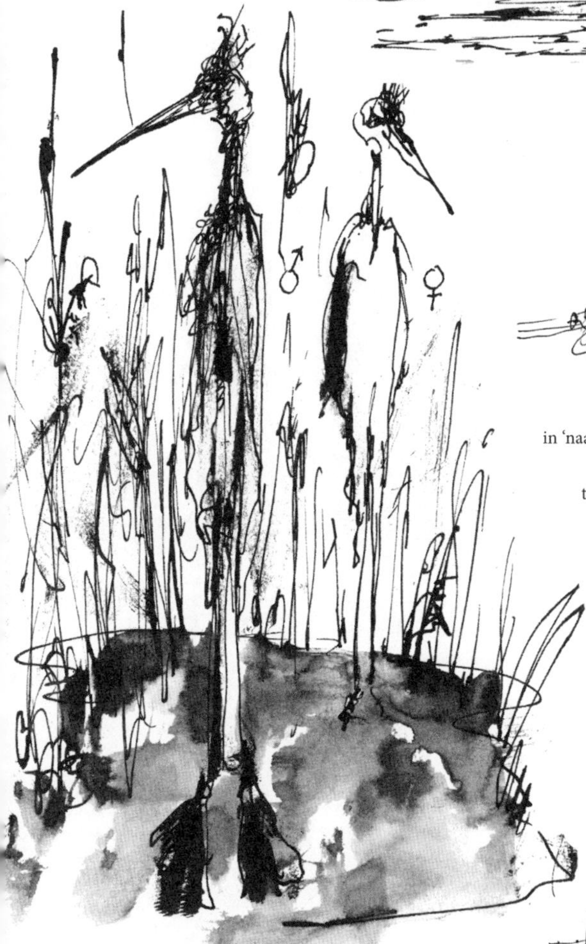

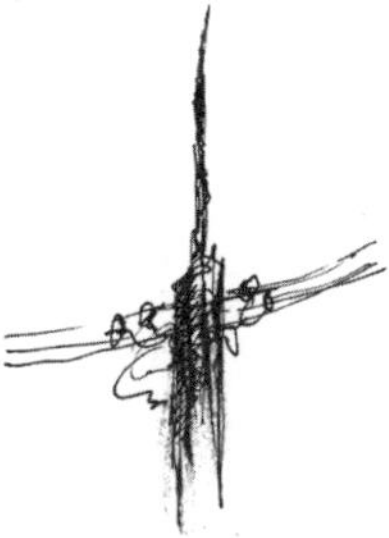

in ‘naaldhouding’
rustend op
telefoonpaal

verscholen achter stekpaal

## Pint

(ganrallus glaseas)

**Volksvogelwijsheid**

Herkomst: Nederland ( Zuid-Limburg)

*'Vliegt de Pint rond het huis des Heere,*
*pastoor zal de smarte doen keren'*

## Pint

BZW

L 35 cm
(ganrallus glaseas)

E

SM

Een van de meest algemene en verspreide, niet-bestaande vogels van Europa. Te vinden in parken, tuinen, alle soorten bos en op bouwland. Heeft de laatste jaren echter vele grote steden bezet, waarbij zijn voorkeur vooral uitgaat naar pleinen, het liefst met rooms-katholieke kerken. Dit heeft de Pint in grote delen van België en het zuiden van Nederland de bijnaam 'Pastoorke' opgeleverd.

Kunnen overlast veroorzaken en grote schade aanrichten aan historische gebouwen, beelden in de openbare ruimten èn geparkeerde auto's. Door hun bijtende uitwerpselen worden stenen, maar ook koper, brons en zelfs moderne autolakken ernstig aangetast.

Goudgespikkeld kleed is onmiskenbaar. Zie opvallende witte kraag. Vluchtbeeld warrig. Zeilt en buitelt vaak. Nestelt in kolonies onder bruggen, maar ook graag in verborgen nissen van kerkgebouwen.

Roep, een zacht klokken dat echter over kan gaan in een sinister gezang.

III-IV

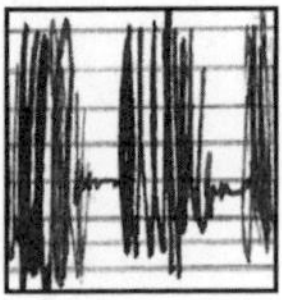

zang

Pinten rond kerk na zondagsmis

Pinten op en rond kruisbeeld

## Strandslijper

(slypiadus costa costa)

**Volksvogelwijsheid**

Herkomst: Nederland ( Oostelijke Waddeneilanden)

*'Slijper op het zand,*
*zomer in 't land'*

## Strandslijper

ZP

L 14 cm

(slypiadus costa costa)

NE

Typische zomervriend van onze kusten. Elegante verschijning, vooral op zandstranden. Vermijdt rotsen. Winterkleed maakt sterk witte indruk met opvallende bruine schoudervlekken. Wordt in deze kleurenfase zelden hier aangetroffen. Bovendelen 's zomers warmbruin tot soms wel zwart toe.

Gedrag rustig. Kan in felle zon enkele meters langs waterlijn 'wandelen', waarna de Strandslijper rustperiodes neemt en geruime tijd roerloos blijft zitten.
Wordt afgewisseld met regelmatig 'afkoelingsbad' in zee. Voedt zich met garnaaltjes en vooral mosselbroed. Ook kleinere vis staat op het menu.

Bij zonsondergang vaak in grote zwermen landinwaarts vliegend om in duinen te overnachten. Roep hierbij een nogal nasaal, trillend 'phoeiet'.

Kan bij slechte zomers met gering aantal zonuren in de zuidelijke overwinteringgebieden blijven.

XII-X

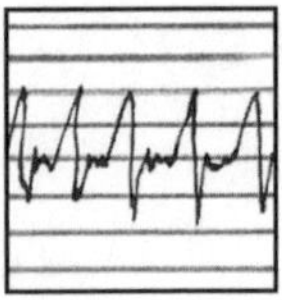

roep

foeragerend aan zee

winterkleed

afkoelingsbad nemend

## Surinaams Maisvogeltje

(charibbeas suri suri)

**Volksvogelwijsheid**

Herkomst: Suriname en de Bovenwindse Eilanden

*'Kwanti biki troy,*
*ma no trebi akki toy'*
ofwel
*'Zing als een Maisvogel,*
*maar weest geen slaaf'*

## Surinaams Maisvogeltje

BKZW

L 14 cm
(charibbeas suri suri)

E

SM

Oorspronkelijke bewoner van de Caribische eilanden en Centraal-Amerika. In de jaren tachtig van de vorige eeuw massaal als kooivogel meegekomen met onze overzeese rijksgenoten. Daarna ontsnapt en verwilderd. Heeft zich onderling vermengd met onder andere Kaasvogel en Kleine Gele Fruitpikker. Schitterende zanger, met verenkleed variërend van geel tot groen, overgaand naar een lichtblauwere fase.

Voedsel bestaat meest uit granen en mais, doch exotisch fruit zoals mango, ananas en kiwi laat deze van oorsprong tropische vogel zich ook smaken. Wordt, vooral onder migranten uit Suriname en Antillen, veelvuldig gekweekt en ingezet bij zangwedstrijden, waarbij verzamelingen van honderden exemplaren geen uitzondering zijn. In vrije natuur veelal in stadstuinen, parken en op cultuurland.

Zang een ritmisch ‘tok-tok-tokke-pak’, overgaand in zeer melodieus van hoog naar laag gaand gefluit, welk bij zonsondergang aanvangt en veelal de hele nacht doorgaat. Na zo’n concert is de vogel vrijwel de hele volgende dag in rust.

XII-VI

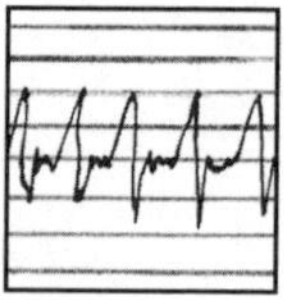
zang

in kooi met eigenaar

opvliegend uit maisveld

rustend op
maiskolf

aan maiskolf pikkend

## Bosjan

(larix larix)

**Volksvogelwijsheid**

Herkomst: Nederland (Veluwezoom)

*'Voor Bosjannen en vrouwen die kijven,*
*zal Gods hemelpoort gesloten blijven'*

## Bosjan

BZW

L 30 cm – V 42 cm
(larix larix)

E

SM

Zeer teruggetrokken, echte bewoner van dicht naaldbos met vochtige onderbegroeiing. Wordt zelden waargenomen. De roep daarentegen is onmiskenbaar. Tijdens de balts, als de Bosjan een wilde dans opvoert, laten zowel ♂ als ♀ een repeterend aantal verdragende schorre kreten horen die zich nog het best laten omschrijven als het krijsen van een pasgeboren baby. Door dit krijsen, is deze hoenderachtige dan ook wel onder de naam 'Bosjanker' bekend.

Verenpak doorgaans saai. Grijsbruin met witgevlekte borst. Derde slagpen kan een gele glans vertonen.

Nest meest verborgen in ondoordringbare braamstruiken, bestaande uit een met dennennaalden gevuld kuiltje in de vochtige bosgrond. Legsel 3 – 5 bruingespikkelde eieren, waaruit na twee weken de voor deze vogel zo karakteristieke, uiterst lelijke kale kuikens tevoorschijn komen.

III-II

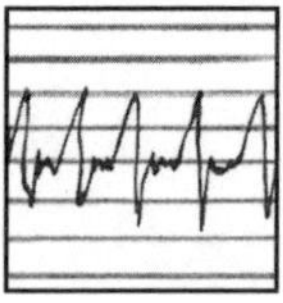

schorre kreten

Bosjannen bij waterpoel in dicht bos

baltsgedrag

## Kikie

(krivex lux)

**Volksvogelwijsheid**

Herkomst: Turkije

*'Bir Serdar evlenen erket yaziklar olsum'*
ofwel
*'Wee de man die een Kikie trouwt'*

**Kikie** ZPB

L 40 cm - V 110
(krivex lux)

NE

Algemene, ietwat chagrijnige bewoner van overbemest weide- en akkerland. Voedt zich met wormen en insecten, maar vooral de larven van de grijskopspringwants zijn favoriet bij deze korte steltloper. Verenkleed glanzend donkerblauw met uitgesproken witte wangen en borstelige 'pruik'. De donkerblauwe lichtgebogen snavel en uiterst dunne poten zijn onmiskenbaar.

IJdel gedrag. Kan uren 'paraderen' om andere Kikies te imponeren. De staartveren zijn daarbij wijd uiteengezet zodat de gele onderpennen zichtbaar zijn. Vooral ♀ maakt zacht 'wiebelende' bewegingen met de kop. De hierbij voortgebrachte knorrende keelklanken zijn gedurende de zomermaanden vaak tot diep in de nacht te horen.

Nest zeer hoog opgebouwd tot soms wel een meter, aan de bovenkant gevuld met zachte rietpluimen.

XII-X

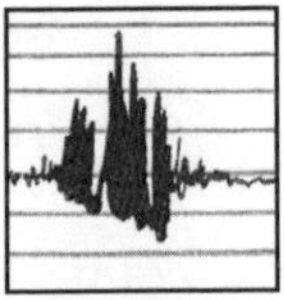

knorrende keelklanken

Kikie op nest

Kikie in vlucht

## Kuifkikie

(krivex lux lux)

**Volksvogelwijsheid**

Herkomst: Polen (Brünskvlakte)

*'Biada ubogich, który ma Krivex kobiety'*
ofwel
*'Wee de arme die een Kuifkikie van een vrouw heeft'*

## Kuifkikie

ZPB

L 35 cm – V 94 cm
(krivex lux lux)

NE

Iets kleinere, met forse kuif uitgeruste versie van de gewone Kikie. Kan ook chagrijnig gedrag vertonen en heeft ondanks kleiner postuur een wat agressieve uitstraling.

Verenkleed donkerblauw met opvallende witte borstvlek en witte wangen. Borstelige 'pruik' ontbreekt, waar echter de zo typerende kuif voor in de plaats is gekomen. Kan net als grote 'broer' urenlang door weilanden paraderen. Imponeert niet alleen andere Kikies maar komt vaak tot lijfelijk geweld door met scherpe snavel uit te halen. Voorafgaand aan deze aanvallen wiebelt en schudt de Kuifkikie met de kop heen en weer. Ook de lange zwarte poten met vlijmscherpe nagels worden vaak ingezet bij dit gedrag.

Roep, een snel opvolgend 'krrrt – krrrt – krrrt', overgaand in een weinig welluidend schreeuwen.

XI-XII

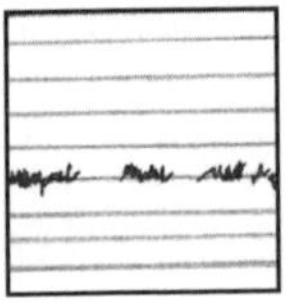

roep

door veld paraderend

kop ‘wie-
belend’ en
schuddend

## Grote Zwerver

(nomadi gigas)

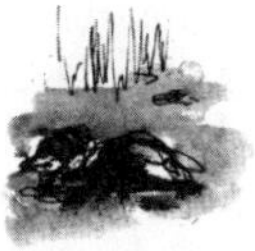

Vooralsnog geen betrouwbare volksvogelwijsheid gevonden.

## Grote Zwerver

ZBPW

L 35 cm – V 90 cm
(nomadi gigas)

E

SM

Algemeen. Prefereert plassen, meren, vijvers en ondergelopen land met rijke oevervegetatie. Grootste zoetwatergast. Foerageert graag tussen waterlelies en de wat oudere lisdodden, waarbij wijfje graag slobbert. Woerd waakzaam gedrag, waarbij hij met geheven kop klokkende geluiden produceert ondertussen de directe omgeving op gevaar afspeurend. Als de jongen het nest hebben verlaten en zich bij de ouders te water hebben begeven, kan dit gedrag ziekelijke vormen aannemen.

Verenkleed ♂ en ♀ identiek, doch ♀ iets meer gedrongen met rode snavel. Na de eerste balts en opvolgende paring blijven ♂ en ♀ voor altijd samen. Als wijfje sterft, berooft woerd zich van het leven door de kop onder water te houden totdat de verdrinkingsdood er op volgt.

Mocht woerd als eerste sterven dan zoekt wijfje een nieuwe partner en leeft gewoon voort.

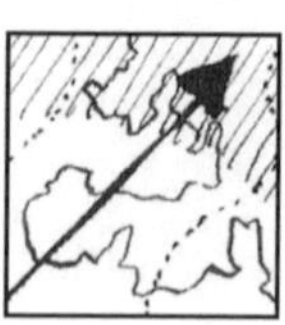

VI-XII

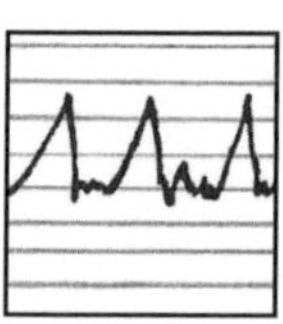

klokken

Grote Zwervers bij rietkraag

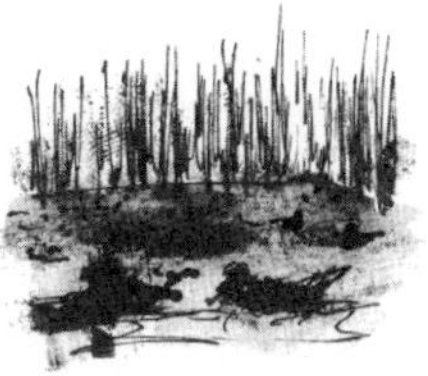

zwemmend

## Kleine Zwerver

(nomadi lidilus)

**Volksvogelwijsheid**

Herkomst: Nederland (Drents-Friese Wold)

*'Krijgt de neb zijn volle kleur,*
*staat het zomertje voor de deur'*

## Kleine Zwerver

ZBPW

L 20 cm – V 70 cm
(nomadi lidilus)

E

SM

Naamgenoot van Grote Zwerver maar heeft geen enkele familiaire band. 's Zomers bewoner van binnenlandse moerassen en heidevennen, 's winters meer aan de kust. Gezellige zoet- en zoutwatergast. Wijfje en woerd identiek doch in paartijd kan snavel wijfje feller opkleuren. Dit 'blozen' van de neb komt, voor zover bekend, bij geen enkele andere eendachtige voor. Kleed diepzwart met helderwit, 's winters tanend naar een leigrijs.

Roep ♂ een luid kwaken dat bij onraad kan overgaan in een rochelend hoesten teneinde af te sluiten met een neerwaartse fluitende triller. ♀ gewoonlijk zwijgzaam, doch kan op het nest een zacht ronkend aanhoudend gebrom laten horen.

VII-XI

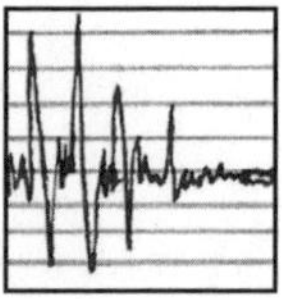

roep

grote groep Kleine Zwervers met slecht weer

nest met 8 eieren

## Nagelaar

(hedrax cortax cortax)

**Volksvogelwijsheid**

Herkomst: Nederland

*'Boze Nagelaar, best notenjaar'*

## Nagelaar

WDP

L 34 cm – V 70 cm
(hedrax cortax cortax)

E

SM

Algemene, hoewel de laatste jaren wat minder, regelmatige wintervreter. Gespikkeld kleed, redelijk zware snavel, maar vooral de agressieve blik in de ogen vergemakkelijkt de identificatie. Kan onvriendelijk overkomen. Buiten broedtijd vaak in groepen, waarbij de vogels collectief op zoek gaan naar voedsel. Hazelnoten en eikels staan op het menu, doch walnoten zijn favoriet bij de Nagelaar.

Als het niet lukt een noot op normale wijze - dat wil zeggen met de snavel - te kraken, wordt deze in de poten meegevoerd tot op grote hoogte, vanwaar de Nagelaar hem laat vallen teneinde de harde bast te openen. Dit kan vele malen herhaald worden. Heeft dit 'laten vallen' niet het gewenste resultaat, dan kan vooral het mannetje 'woedeaanvallen' krijgen welke hij op de ongeopende noot afreageert. Hierbij vaak een onwelluidend 'kràh – kràh' uitstotend, dat tot in de verre omtrek te vernemen is.

IV-XI

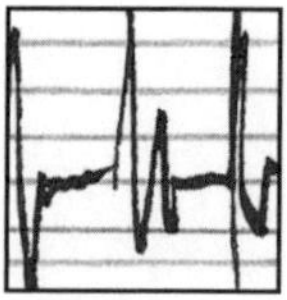

bij woedeaanval

Nagelaars bij walnootboom

in glijvlucht met noot

'woedend' in noot pikkend

## Zomerflens

(aythalantha verinea)

**Volksvogelwijsheid**

Herkomst: Nederland (Groningse Waddeneilanden)

*'Zomerflens aan 't strand,*
*winter in 't land'*

## Zomerflens

WDP

L 62 cm – V 140 cm

(aythalantha verinea)

NE

Regelmatige wintervreter en doorkomer langs onze kusten met uitzondering van Zeeuws-Vlaanderen. Kan in grote getalen neerstrijken dichtbij strand, vanwaar hij gemakkelijk te identificeren is. Wordt door zijn helderwitte kleed ook wel 'ijsbergje' genoemd.

Voedsel bestaat uit kreeftachtigen, schelpdieren en garnalen maar ook mosselbroed is een dankbare aanvulling op het dieet.

Gezellige dobberaar die vaak in groepen van enige honderden exemplaren tegen de avond na het foerageren nog uren kan kwaken.

Komt met het steeds populairder wordende kitesurfen vaak in aanvaring met deze vervaarlijke snelheidsduivels, die de Zomerflens als lastig obstakel beschouwen. Avonden met tientallen aangespoelde slachtoffers met vaak diepe vleeswonden zijn tegenwoordig eerder regel dan uitzondering. Gesprekken met de vogelbescherming enerzijds en de Nederlandse Vereniging van Kustzeilers en Kitesurfers anderzijds zijn op handen.

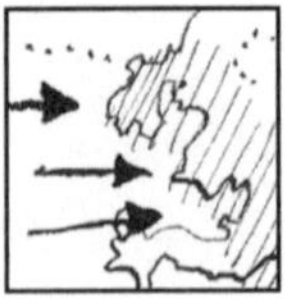

XII-V

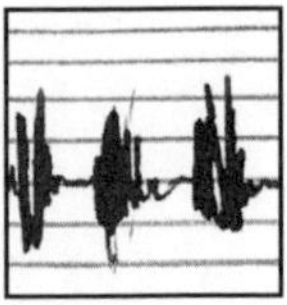

kwaken

Zomerflenzen in vluchtformatie boven zee

## Winterflens

(aythalantha hiver)

**Volksvogelwijsheid**

Herkomst: Nederland (Kustvisserij, met name Vlaardingen)

*'Schreeuwt de Flens van volle zee,*
*trekt het netje vette haring mee'*

## Winterflens

ZPD

L 60 cm – V 138 cm
(aythalantha hiver)

NE

Regelmatige zomervriend langs onze kusten met uitzondering van de Groningse Waddeneilanden. Schuw. Grote zwermen van wel 500 stuks kunnen al op de wieken gaan voor een langszwemmende jonge zeehond. De almaar drukker wordende zomerse strandactiviteiten doen de populatie Winterflenzen dan ook geen goed, hoewel er de laatste jaren op Terschelling en Vlieland een groeiend aantal broedgevallen is geteld.

Verenkleed woerd en wijfje identiek doch wijfje kan in broedseizoen iets meer kleurenpracht vertonen. Vooral kobaltblauwe kop valt op.

Uitstekende zwemmer en duiker, op land echter zeer onhandig. De gang van en naar het nest is een haast onaangenaam gestrompel te noemen. Overdag zwijgzaam, maar gedurende de nacht kan men vanaf volle zee een weinig welluidend gekwaak horen dat overgaat in een schril fluiten. Dit gekwaak heeft de Winterflens onder visserlui de bijnaam 'zeeschreeuwer' opgeleverd.

III-IX

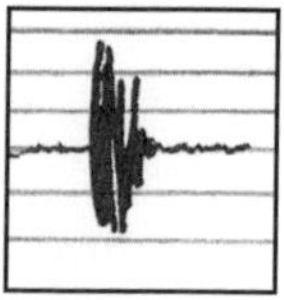

kwaken

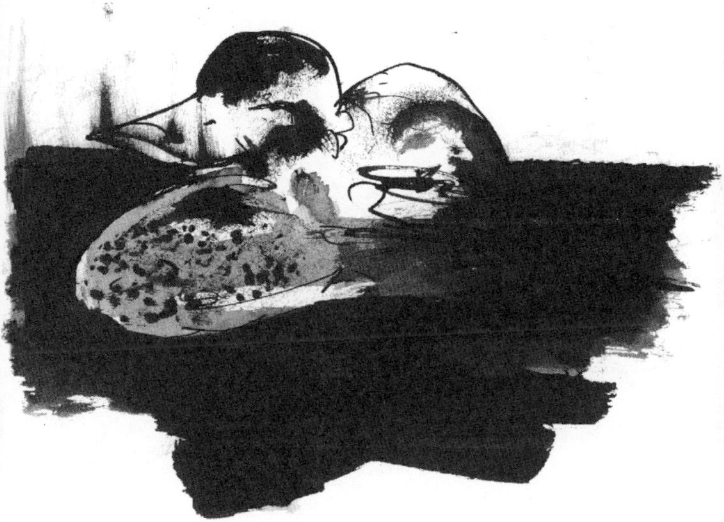

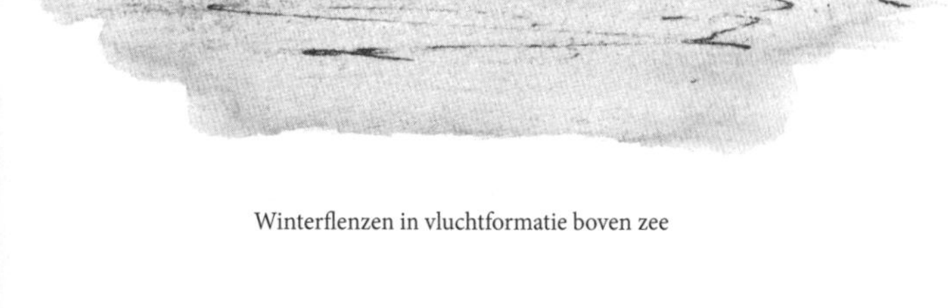

Winterflenzen in vluchtformatie boven zee

## Waals Mannetje

(lhomus lhomus walius)

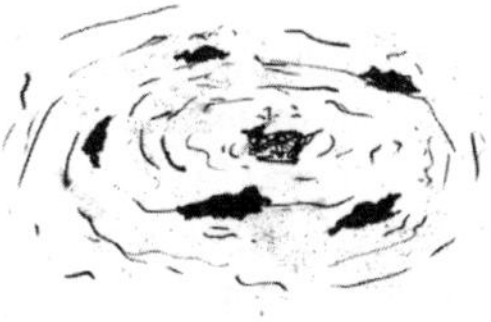

**Volksvogelwijsheid**

Herkomst: België (Vlaanderen)

*'Komt den Waalsen Man voor de naad en z'n poep, hoort men zeker en vast 't vrouwkes hulpgeroep'*

## Waals Mannetje

BZW

L 28 cm – V 54 cm
(lhomus lhomus walius)

E

SM

Gezellig, algemeen voorkomend duikertje. Prefereert redelijk snelstromend, visrijk water met een lichte voorkeur voor met rijkelijk begroeide oevers uitgeruste rivieren. Woerd en wijfje identiek. Verenkleed groen, onderkant vuilwit. Stevige driehoekige donkere kop met redelijk zware gele, naar oranje kleurende snavel.

Baltsgedrag in groepsverband. Vier tot vijf mannetjes zwemmen rond vrouwtje, welk in de steeds kleiner wordende cirkel een zogenaamd 'angstig' gedrag vertoont. Door met de kop heen en weer te schudden en een afwerend gesis te laten horen, lijkt het alsof zij de werkelijke paring niet waardeert. De woerden laten zich hierdoor echter niet van de wijs brengen en bevruchten een voor een het wijfje. Daar de 'echte' vader nu niet bekend is, neemt geen enkel mannetje de verantwoordelijkheid en moet het vrouwtje de zorg voor nest, broedsel en kroost op zich nemen.

Gewoonlijk zwijgzaam, doch woerd kan in baltstijd een triomfantelijk gekwaak laten horen.

II-XII

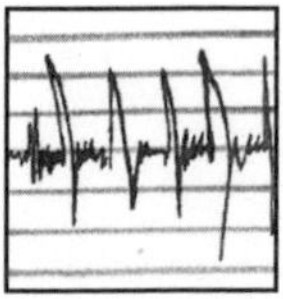

gekwaak

baltsgedrag

## Baasje

(patronius oeuvrium)

**Volksvogelwijsheid**

Herkomst: Nederland (Socialistisch kinderliedje, omstreeks 1890)

*Baasje baasje, met je grote snavel,*
*baasje baasje, met je grote bek,*
*baasje baasje, je kan me toch niet knechten,*
*baasje baasje, ik ben heus niet gek'*

**Baasje** BZW

L 28 cm

(patronius oeuvrium)

E

SM

Algemene, wat brutale bewoner van parken, stadstuinen, loof- en naaldbomen. Gewoonlijk solitair, maar kan in het winterseizoen in groepen de nacht door brengen. Prefereert daarvoor de wat oudere bomen, maar er zijn ook gevallen bekend van rustende Baasjes op daken van flatgebouwen of leegstaande kantoorpanden.

Verenkleed ♂ donker naar zwart neigend, met grijzig rug en staartdelen. ♀ aanzienlijk zwart-witter. Beide karakteristieke spitse, relatief lange snavel met zogenaamde 'wenkbrauw', welke het Baasje een wat strenge uitstraling geeft.

Zang bestaat uit een gevarieerde serie snel opeenvolgende 'sjoewieet' klanken, vooral bij zonsop- en ondergang te horen.

XII-XIII

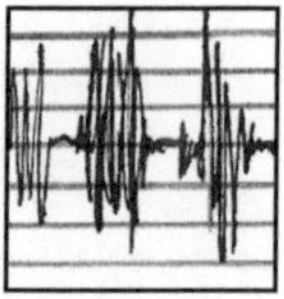

zang

zingend vanuit spar

## Hamer

(hypodrogne orquato)

**Volksvogelwijsheid**

Herkomst: Nederland

*'Klopt de Hamer vroeg in 't jaar,*
*staat een warme zomer klaar.*
*Horen wij hem echter na IJsheilig,*
*is het weertje niet meer veilig'*

## Hamer

BZW

L 34 cm – V 87 cm

NE

(hypodrogne orquato)

Zwaargebouwde, rustige, algemeen voorkomende bewoner van de wat oudere bossen. Prefereert loofbomen zoals eik en beuk, maar ook een gedateerde knotwilg mag hij graag in gebruik nemen. Verenpak bruin-wit, maar ook geheel zwarte tot bijna zuiver witte variaties zijn waargenomen. Wel altijd een onmiskenbare zwarte 'pet'. Zie ook de zeer zware afgeplatte, in verhouding tot de rest van het lichaam, grote snavel, welke hem waarschijnlijk de naam Hamer heeft bezorgd.

Nest bestaat uit een uitgehakte holte in een oude boom, waarvan de ingang altijd exact dezelfde afmetingen heeft, namelijk 12 x 10 cm. Deze afmetingen worden tijdens de bouw telkens gecontroleerd door middel van de met 'maatstrepen' uitgeruste staart. Het geluid dat bij de bouw van het nest tot in de verre omgeving is te horen, gaat vaak dag en nacht door en wordt wel verward met 'roffelen' van de Nachtspecht (pag.13). Het 'gehamer' is echter veel zwaarder en ritmischer.

Tijdens de broedtijd ♂ en ♀ samen, daarbuiten gezelliger. Wordt dan ook wel gezien in gezelschap van Timmermansvogel (pag. 17). Zingt of roept niet.

V-XII

Hamer met kop in boom

vliegbeeld

Hamer met boomstam

nest in oude knotwilg met spaanders

## Franse Pen

(phealus allumnius)

**Volksvogelwijsheid**

Herkomst: Frankrijk

*'Une Crique dans le cière,*
*donne un temps du duvière'*
ofwel
*'Een Pen op de draad,*
*geeft een voorjaar vol onraad'*

## Franse Pen

ZeZO

L 12 cm

(phealus allumnius)

E

SM

Kleine, kortsnavelige, kleurrijke zanger met in verhouding lange staart. Sierlijke vlucht, buitelt en tuimelt graag.

Balts van zowel ♂ als ♀ zeer gevarieerd. Kan van de grond, maar ook hoger gelegen plaatsen zoals stekpalen of rotsen kunnen het startpunt van deze acrobatische toeren zijn.

Voedt zich vooral met krekels en rupsen. Verenkleed vrijwel identiek, doch ♂ kan donkere rug hebben. Helderwitte wangvlek onmiskenbaar. Zie rode punten aan zowel staart als vleugels.

Zang, welke bestaat uit een nasaal fluiten, overgaand naar een melodieus snorren om te eindigen in een van hoog naar laag gaande triller, vaak vanaf hoge post met een voorkeur voor telefoon- of elektriciteitsdraden. Kunnen op de zomeravond met grote groepen van wel 200 stuks een oorverdovend concert geven.

XI-V

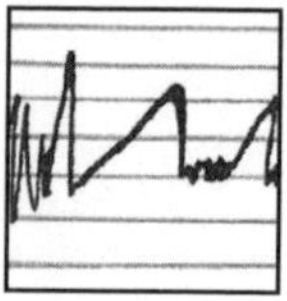

zang

zingend vanaf cactus
♀
♂
♀
baltsvlucht ♂
vanaf paal
baltsvlucht ♀ vanaf de grond

## Puntklover

(roca roca)

**Volksvogelwijsheid**

Herkomst: Nederland (Oude Stads-Fries)

*'Griet de Kletser fan de gitte,*
*kump it wetter oan de slitte'*
ofwel
*'Zingt de Klover uit de goot,*
*valt de regen in de sloot'*

## Puntklover

BZWK

L 15 cm

(roca roca)

E

Echte stadsbewoner. Talrijke, sterk aan de mens gebonden middelgrote zanger. Nestelt meest onder dakpannen, maar is ook te vinden in leegstaande, in verval geraakte fabrieken en kantoorpanden.

Verenkleed ♂ en ♀ identiek. Rug opvallend naar donkerblauw gaand 'metalig' groen, borst lichter. Stevige markante grijze snavel, dito poten. Staartpennen kunnen rafelig zijn. Gezellig gedrag. Frequenteert vaak pleinen waar oliebollenkramen, frituurtenten of anderszins met voedsel aanverwante uitspanningen staan. Aast daar dan op op de grond gevallen maaltijdresten.

Kunnen in groepen vuilniszakken openpikken, op zoek naar eetbare zaken. Veroorzaakt hiermee regelmatig overlast en wordt in sommige buurten fanatiek geweerd.

Zang vaak van hoge post, maar ook op lager gelegen plekken kan de Puntklover zijn enigszins krassende, fluitende, meestal in een korte triller eindigende melodie laten horen.

XI-I

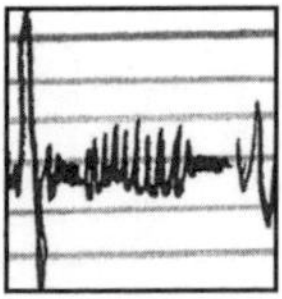

zang

zingend op dakgoot

bij vuilnis op straat

## Zomerbaas

(patreanus sol sol)

**Volksvogelwijsheid**

Herkomst: Nederland (Noord-Brabant)

*'Baas in de zomer, knecht in de winter'*

## Zomerbaas

ZKP

L 13,5 cm

(patreanus sol sol)

E

Vrij algemene, vriendelijke zomervriend. Frequenteert tuinen en parken maar ook alle soorten bos.

Schitterend kleed waarbij helderblauw dek en gestreepte staart opvallen. Borstpartij witgevlekt of vaag gestreept. Gezellig gedrag, vaak in gezelschap van andere vogels zoals Veldspikkels en Kaasvogels.

Voedt zich vooral met granen en fruit, maar tijdens het voederen van de jongen worden insecten en allerhande wormen niet gemeden.

Zang kan zeer melodieus zijn vanaf verborgen plek of juist vanaf hoge post. Een serie korte, fluitende klanken overgaand in een muzikaal en variabel wijsje, welk vaak rond het middaguur aanvangt en tot ver na zonsondergang kan aanhouden. Er zijn zelfs gevallen bekend van tot de morgenstond doorzingende vogels.

Roep bij gevaar, een krachtig 'tsjektsjek' waarbij de Zomerbaas zogenaamd in paniek rondfladdert om zijn vijand op een verkeerd been te zetten.

XI-V

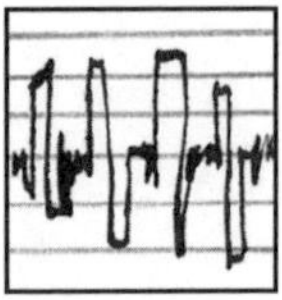

zang

samen met Veldspikkels boven graanveld

zingend vanuit rododendron

zingend
in top beuk

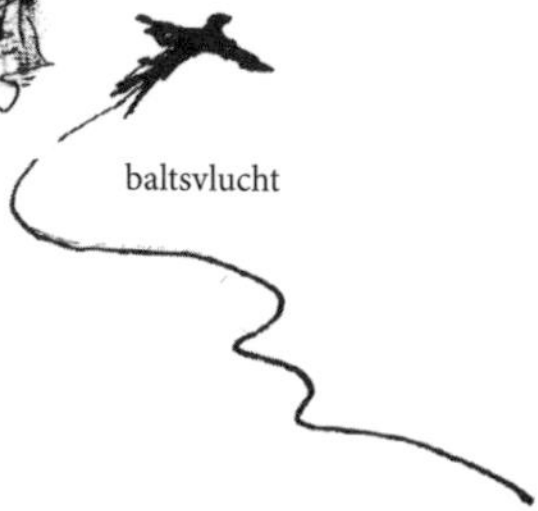

baltsvlucht

## Veentrapper

(nomeheadus plantiax)

**Volksvogelwijsheid**

Herkomst: Nederland (Sallandse Heuvelrug)

*'Trapper uit het veen,*
*zend maar gauw de vrouwe heen'*

**Veentrapper** ZeBWO

L 32 cm – V 76 cm

(nomeheadus plantiax)

NE

Zeldzame, zeer teruggetrokken bewoner van uitgestrekte hoog- en laagveengebieden met een voorkeur voor met riet en biezen begroeide oevers. Behoedzaam. Voedt zich met kikkers, salamanders, vis en kleine zoogdieren waarvan de zwarte veenrat favoriet is. Wordt zelden waargenomen, doch vaak gehoord. Produceert een grote verscheidenheid van geluiden, die meer doordringend dan welluidend zijn en 's nachts - of als hij door een vijand gestoord wordt – het meest te horen zijn. Bestaan uit gepiep, geknor, gekreun en gillen, hetgeen men bij zonsopgang en –ondergang vaak uit een dicht, veelal mistig veengebied kan horen.

Verenpak elegant wit met licht- en donkerblauwe accenten. Zie kuif en rode, naar beneden gerichte, snavel en poten.

XI-V

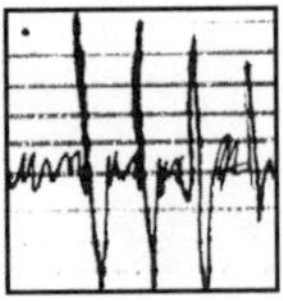

roep

sporen

pootafdruk (rechts)

met nog levende veenrat

## Grote Braak

(vomas vomas barbaras)

**Volksvogelwijsheid**

Herkomst: Spanje (omgeving Cordoba)

*'Vomas con pecho, ciriades ajuriano'*

ofwel

*'Hij die ruikt als een Braak, vermijdt men liever'*

## Grote Braak

Ze

L 80 cm - V 280 cm
(vomas vomas barbaras)

NE

Uiterst smerige, zeer trage, lelijke rover. Bewoner van afgelegen ruige gebergten en vlakten, doch bezoekt steeds vaker vuilnisbelten bij grote steden. Maaltijd bestaat hoofdzakelijk uit afval en kadavers.
♂ en ♀ identiek behalve kop. ♂ kalend met enige losse haartjes. ♀ warrige 'pruik'. Verenkleed vaalbruin met donkere accenten, zie kale nek en zeer zware haaksnavel. Door het eet- en leefgedrag en het ontbreken van enige poetsbeurt, maakt de vogel in zijn geheel genomen een zeer onverzorgde en vervuilde indruk. Vleugels ogen door jarenlang aangekoekt vuil leerachtig.
Typerend voor de Grote Braak zijn de zogenaamde 'kopflappen'. Deze zwarte, pokdalige uitgroeisels aan beide zijden van de kop worden gebruikt bij het verjagen van de in ruime mate aanwezige vliegen en andere parasieten.

Wordt vaak zeilend waargenomen met andere Braken. Bij deze vaak urenlange vluchten worden met enige regelmaat de zurige 'ontlastingsbollen' die wel een gewicht van vijf kilo kunnen bereiken van grote hoogte neergelaten, waarbij de mannetjes een naargeestig 'kriaagh – kriaagh' laten horen.

XII-V

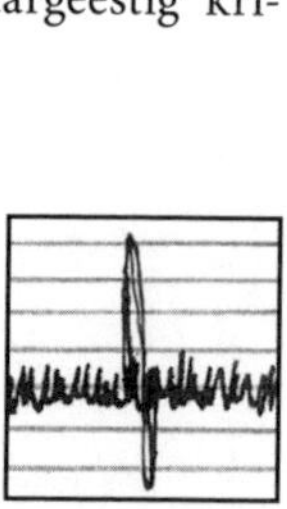

naargeestig
'kriaagh'

Braken zeilend

met kop schuddend

## Kleine Braak

(vomas barbaras borali)

**Volksvogelwijsheid**

Herkomst: Italië (Sicilië)

*'Ay ay borali, no me treppo'*

ofwel

*'Braak in de morgen, dag vol zorgen'*

## Kleine Braak

Ze

L 67 cm - V 210 cm

(vomas barbaras borali)

NE

Kleinere uitvoering van Grote Braak. Doet aan smerigheid niet onder voor grotere 'broer'. Zelfde habitat, doch iets gezelliger. Eenvoudigst te onderscheiden door kleiner postuur en het ontbreken van de 'kopflappen'. ♂ en ♀ identiek. Verenkleed donkerbruin tot zwart, maar zomerkleed kan lichter zijn, naar beige neigend. Zie kale nek en kop met rossige, zware haaksnavel. Kunnen in grote groepen bijeen zijn, vaak zeilend, ook roestend na de maaltijd, welke bestaat uit afval en levende prooien, maar ook rottend fruit en in verre staat van ontbinding zijnde kadavers zijn een graag geziene aanvulling op het menu.

Door het ontbreken van de kopflappen en het daaraan gekoppelde 'schudden' heeft de Kleine Braak aanzienlijk meer last van parasieten en is dan ook vaak waar te nemen in een wolk van vliegen.

Nest een hooggelegen bouwsel van takken en bladeren, waar de 3 – 4 uiterst onaantrekkelijke jongen met opgebraakt voedsel worden grootgebracht.

Op nest en tijdens broedperiode kan de Kleine Braak een serie onwelluidende klanken uitstoten, die wel doen denken aan een slecht startende dieselmotor.

XII-VI

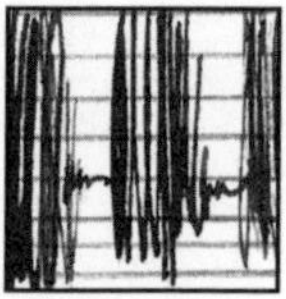

roep op nest

zeilvlucht

## Steenbroeder

(terra terra boltus)

**Volksvogelwijsheid**

Herkomst: Nederland (Zuidelijk)

*'Broeder van het steen in het veld,*
*oogst kan worden uitgesteld'*

## Steenbroeder

ZeBKO

L 20 cm

(terra terra boltus)

E

SM

Zeldzame en plaatselijke bewoner van open vlakten en bouwland, waar hij zich voedt met vooral wormen en sprinkhanen. Uiterst schuw en moeilijk te benaderen. Verenkleed ♀ en ♂ grotendeels gelijk.

Grijsbruine bovenzijde met naar staart toe zwarte accenten. Rug kan lichtere vlekken vertonen. Poten evenals snavel donkerrood. Als men de Steenbroeder door de kijker beschouwt, valt de priemende strenge blik in de ogen op.

Bij balts prefereert ♀ een neerwaartse 'draaisprong' vanaf een hoge post. Dit kan een stekpaal zijn, maar ook een grote rots voldoet. Nest bestaat uit een aantal bij elkaar geschoven stenen, waartussen de 5 - 8 bruingespikkelde eieren gelegd worden. Eenmaal op het nest gezeten, gaat de Steenbroeder door zijn uitstekend camouflagekleed volledig op in de omgeving en wordt zelfs door zijn grootste vijand, de vos, over het hoofd gezien.

Roep, een zachtjes snurken wat kan overgaan in een verrassend melodieus 'djoewieeet'.

II-XI

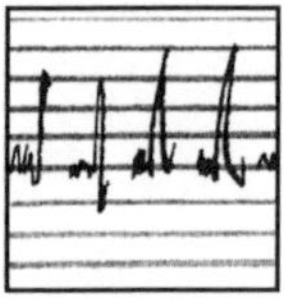

roep

baltsvlucht mannetje van stekpaal

nest bij knotwilg

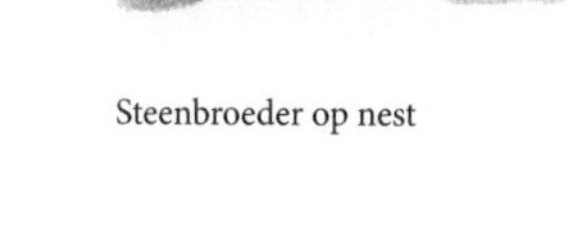

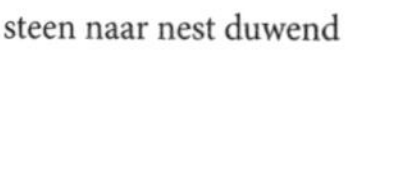

steen naar nest duwend

Steenbroeder op nest

## Kerstvogel

(ubes eskristus sacralus)

**Volksvogelwijsheid**

Herkomst: Vroeg-Latijn (ca. 200 na Chr.)

*'Hademus Ubes Escristus Jesus, Lhunes Lharemos Mistos,*
*Hademos Lumierias Dulce, Habitit Visiamos Andantos'*
ofwel
*'Komt de vriend van Kerst bij volle maan,*
*kan het jaartje beter worden overdaan,*
*komt hij reeds bij wassend licht,*
*is het geluk in 't zicht'*

## Kerstvogel

DWP

L 14 – 16 cm

(ubes eskristus sacralus)

NE

Jaarlijks terugkerende echte wintervreter. Ietwat gezette verschijning. Slechts drie dagen aan het einde van december verspreid over Europa. Verblijft de rest van het jaar in het Hoge Noorden.

Verenkleed onmiskenbaar rood-wit. Zie ook markante 'rode muts' op kop. Uiterst solitair. Prefereert naaldbomen in stadstuinen, maar wordt ook op het platteland waargenomen waar hij meestal 's nachts zijn karakteristieke, lachachtige 'joho-hoo-ho-ho' klanken laat horen. Roep overdag een zacht klingelend 'bellen'.

Wordt door veel vogelaars minder gewaardeerd in verband met irritant zogenaamd 'vrolijk, gezellig' gedrag. Voedsel bestaat vooral uit mandarijnpartjes en noten, maar gevulde speculaaskruimels op de winterse voedertafel genieten zijn voorkeur.

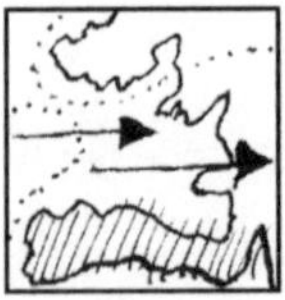

XII-I

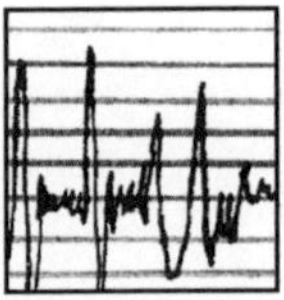

roep

met Fruitpikkers
rond de
kerstboom

in gezelschap van Puntklovers op voedertafel met speculaaskruimels

Ruimte voor aantekeningen betreffende waargenomen niet- bestaande vogels.

Ruimte voor schetsen betreffende waargenomen
niet- bestaande vogels.

Ruimte voor aantekeningen betreffende waargenomen niet- bestaande vogels.

Ruimte voor schetsen betreffende waargenomen
niet- bestaande vogels.

Ruimte voor aantekeningen betreffende waargenomen niet- bestaande vogels.

Ruimte voor schetsen betreffende waargenomen
niet- bestaande vogels.